AF359831

TRAITÉ DE L'UNIVERS

MATERIEL

OU

ASTRONOMIE PHYSIQUE.

PRÉLUDE A LA SECONDE PARTIE, *sur le Sujet proposé par Messieurs de l'Academie Royale des Sciences pour l'Année 1734. Sçavoir, d'où vient la cause physique de l'Inclinaison de l'Orbite des Planetes par rapport au plan de l'Equateur de la révolution du Soleil autour de son axe, & d'où vient que les Inclinaisons de ses Orbites sont differentes entr'elles.*

A PARIS,

Chez QUILLAU, Imprimeur-Juré-Libraire de l'Université, rue Galande, près la Place Maubert, à l'Annonciation.

M. DCC. XXXIV.

Avec Approbations & Privilege du Roy.

D'OÙ VIENT LA CAUSE

Physique de l'Inclinaison de l'Orbite des Planetes par rapport au plan de l'Equateur de la révolution du Soleil autour de son axe, & d'où vient que les Inclinaisons de ces Orbites sont differentes entre elles.

1. **P**OUR rendre raison de la question proposée, il est à propos de faire l'examen de ce que les observations Astronomiques nous ont fait découvrir & connoître jusqu'à present dans le mouvement des Astres; après en avoir fait le dévelopement on pourra en tirer les consequences qui paroissent indispensables, & ensuite former un système de Physique qui ait rapport à ces connoissances, & aux consequences naturelles, expliquer ce que peut être le Soleil, ce que c'est que son Tourbillon, quels sont les Tourbillons compris dans celui du Soleil, & les Planetes qui sont environ le centre de chacun, quel est le principal fluide qui remplit le Tourbillon du Soleil dans lequel nagent toutes les Planetes, & les Cometes qui y sont comprises avec leurs Tourbillons, quels sont les fluides qui remplissent chacun de ces Tourbillons, leurs étendues, comment ils se joignent les uns aux autres successivement, & pourquoi les fluides qui remplissent chacun de ces Tourbillons sont separez & distincts les uns des autres, en sorte qu'ils ne se mêlent point ensemble, non plus que l'air, l'huile, l'eau, &c. afin que par ces distinctions Physiques & par la connoissance de leurs mouvemens aussi distinguez les uns des autres, nous puissions faire entendre d'une maniere sensible quelle est cette cause Physique de l'inclinaison de l'orbite des Planetes.

2. Il me femble que *a* M. Defcartes dans fes principes
de Philofophie n'a rien omis de ces connoiffances, il
préfere le fyftême de Copernic à celui de Ptolomée &
à celui de Tycho.

Il pofe *b* le Soleil au centre de fon Tourbillon, autour duquel Soleil il fait tourner les Planetes & la Terre, il établit *c* que les Planetes les plus proches du Soleil
tournent plus vite que les plus éloignées, & que leurs
vitelles diminuent fucceffivement, que les révolutions
des Planetes autour du Soleil ne font pas en des cercles
parfaits, & que les plans de ces révolutions font diffe-
remment inclinez avec le plan de l'Eclyptique.

3. Pour parler du mouvement des Planetes avec quelque efpece de regularité, je me fervirai des Tables de
M. de la Hire, qui font les plus connues & les plus
exactes que nous ayons. Je fuppoferai la diftance du
Soleil à la Terre de 12000 diametres de la Terre, & fur
cette proportion j'établirai les diftances du Soleil aux
autres Planetes felon les proportions dont M. de la Hire
a donné les Logarithmes, lefquelles diftances je rédui-
rai en lieues de 25 au degré.

4. Pour n'être pas trop diffus, je croi qu'il fuffit de
dreffer une Table qui contienne les diftances du Soleil
aux Planetes, les circonferences de leurs Orbites, le
nombre de lieues que chacune fait en un jour, en une
heure, la durée de leurs révolutions autour du Soleil,
ce qu'elles parcourent de degrez, minutes & fecondes
par jour & par heure, leurs Apogées & Perigées, Inclinaifons, Nœuds, Afcendans & Defcendans, Solf-
tices, ou plus grandes Inclinaifons, tant par rapport au
plan de l'Eclyptique, qu'au plan de l'Orbite de Venus.

5. Les diametres & circonferences des Planetes, la
durée de leurs révolutions autour de leurs axes, les
épaiffeurs des croutes qui couvrent ces autres Planetes,
avec les circonferences inferieures de ces croutes, les
cubes du corps entier de chaque Planete & de leurs
croutes en particulier, le nombre de lieues qu'un point

a Ex principiis Philofophiæ Renat. Defcartes p. 3. *art.* 16.
b Idem p. 3. *art.* 30
c Idem p. 3. *art.* 34. 35.

le cercle Equinoxial de chaque Planete parcoure en
une heure, & enfin l'étendue des tourbillons de chaque Planete par rapport à la rapidité de leurs mouvemens autour de leurs axes.

6. Cette Table contient 39 colonnes, desquelles les
17 premieres n'ont pas besoin d'autre explication, que
leurs titres.

La 18 colonne contient les inclinaisons des orbites
des Planetes par rapport au plan de l'orbite de Venus,
que quélques Astronomes ont pensé pouvoir être dans
le plan de l'équateur de la révolution du Soleil autour
de son axe.

Les colonnes 19, 20, 21 & 22 en sont la suite.

7. Les colonnes 23, 24 & 25 ne sont pas extraites
des Tables de M de la Hire, mais des connoissances que
nous avons d'ailleurs des grosseurs des Planetes, de leurs
révolutions autour de leurs axes, & des conséquen-
ces qui doivent suivre de l'inégalité de leurs grosseurs,
de leurs distances du Soleil, & des différentes rapiditez de leurs mouvemens autour de leurs axes.

8. J'y ai à peu près déterminé la durée des révolutions du Soleil, de Saturne, & de Mercure autour de
leurs axes ; quoique nous n'ayons point encore d'observations qui nous les déterminent, mais j'ai conçû
qu'il doit y avoir une proportion de vitesse qui ait rapport à leurs grosseurs, ayant observé que les Planetes
qui ont le plus de circonference, sont celles qui em-
ploient le moins de temps à faire leurs révolutions autour de leurs axes.

9. J'ai fixé le mouvement du Soleil autour de son axe
en 5 heures de temps. M. Descartes le considere comme le principe des mouvemens périodiques de toutes les
Planetes. Voici comme il s'en explique, * *Videntes infe-
riores ex istis Planetis, altioribus celerius in orbem ferri,
putabimus id ex eo fieri ; quod materia primi Elementi ;
qua Solem componit, celerrimè gyrando, viciniores Cœli
partes magis secum abripiat quàm remotiores ; nec inte-
rim mirabimur, quod maculæ quæ in ejus superficie appa-
rent, multò tardius ferantur, quàm ullus Planeta. (quippe*

* Idem parte 3. art. 148.

A ij

in breviſſimo ſuo circuitu vigenti ſex dies impendunt. Mer-
curius autem in ſuo plus quàm ſexagies majori, vix tres
menſes, & Saturnus in ſuo forte bis millies majori annos
tantùm triginta, qui niſi celerius ipſis moveretur, plus
centum deberet impendere) hoc enim putabimus. &c.

10. Il donne des raiſons pour juſtifier que le mouvement de ces taches ne dépend point de la rapidité du
mouvement du Soleil autour de ſon axe. Nous pouvons y ajouter que la Lune qui eſt un corps ſolide &
grave, eſt entraînée d'Occident en Orient par la rapidité du mouvement de l'air, entraîné lui-même par le
mouvement journalier de la terre. Cependant les nuées
qui ſont proches de la terre, moins peſantes & moins
ſolides que la Lune, ne ſont point ébranlées par la rapidité du mouvement de cet air, qui néanmoins che-
mine avec plus d'activité proche la ſuperficie de la ter-
te, que dans l'éloignement de la Lune : ces nuées ſont
pouſſées contre le cours de l'air avec autant de facilité,
que de tout autre ſens ; ce qui vient de ce que les parties de matieres qui compoſent les nuées étant moins
ſolides & moins condencées que celles qui compoſent
le corps de la Lune, les parties des matieres qui s'élevent,
& celles qui deſcendent vers le centre de la terre &
cauſent la peſanteur, occupent plus d'eſpace dans l'é-
tendue des nuées que les matieres mêmes qui compoſent les nuées, au lieu que le corps de la Lune étant formé
de parties groſſieres jointes & liées enſemble, forme un
corps ſolide comme la terre, duquel les pores ſont ſerrez ; les parties qui compoſent l'air ne pouvant paſſer
au travers, l'entraînent ſelon leur cours ; les taches
du Soleil ſont approchant comme les nuées, plus con-
denées néanmoins que les nuées ; mais moins liées que
le corps de la Lune, & que celui de Mercure : ce qui
fait que ces taches ſe diſſipent moins facilement que
les nuées, & qu'elles ſont un peu plus ſenſibles à la
pulſation des parties de l'air qui environnent le Soleil ;
mais ſi peu cependant que ces taches ne ſont qu'une
lieue de chemin, pendant qu'un point de l'équateur du
Soleil en fait environ 6244.

11. Suivant les loix de la nature les plus groſſes Planetes devroient être les plus peſantes & les plus éloi-

gnées du centre du mouvement qui est le Soleil ; cependant la terre qui est plus grosse que Mars en est moins éloignée, ce que M. Descartes attribue à l'excès du poids de Mars pardessus celui de la terre. *a Nec mirabimur Martem terrâ minorem, ipsâ tamen magis à Sole distare, quia solidior nihilominus esse potest ; cum soliditas à solâ magnitudine non pendeat.*

J'ai pensé que chaque Planete ayant premierement été un Astre comme le dit M. Descartes, *Parte 4. art. 2. Fingamus itaque terram hanc quam incolimus fuisse olim ex solâ materiâ primi Elementi conflatam instar Solis, quamvis ipso esset multo minor, & vastum verticem circà se habuisse in cujus centro consistebat.*

Et encore, *Part. 3. art. 146. nihil enim vetat quominus arbitremur, vastissimum illud spatium in quo jam unicus vortex primi Cœli continetur, initio in quatuor-decim, pluresve fuisse divisum, eosque ita dispositos, ut sidera quæ in centris suis habebant multis paulatim maculis tegerentur.* Il s'est formé une croute spherique autour de cet Astre qui l'a envelopé, & a ainsi formé la terre que nous habitons. C'est aussi de la même maniere que ce sont formées les autres Planetes qui premierement étoient des Astres ou Soleils.

12. Les differentes épaisseurs des croutes ou envelopes de matieres grossieres qui ont couvert ces Astres, ont formé des soliditez de differens poids, selon la quantité des matieres qni ont formé chaque croute ou envelope de ces Astres. *(b) Per soliditatem hic intelligo quantitatem materiæ tertii Elementi, ex quâ macula hoc sidus involventes componuntur.*

Car l'Astre d'une Planete renfermé dans sa croute n'a point de gravité en lui-même, il n'y a que la croute qui a du poids, ce qui m'a porté à dresser les colonnes 26, 27, 28 & 29.

13. La vingt-sixiéme colonne contient par supposition les differentes épaisseurs des croutes qui forment les Planetes & renferment les Astres qui sont au centre.

La vingt-septiéme contient les circonferences infe-

a *Idem p. 3. art. 147.*
b *Idem p. 3. art. 121.*

faces de chacune de ces croutes, qui eſt auſſi la cir-
conférence de l'Aſtre qui eſt au centre; c'eſt auſſi ſuivant la même ſuppoſition.

La vingt-huitiéme contient le nombre de lieues cubes que contient la ſphere de chaque Planete en entier,
ce qui fait connoître que leurs ſoliditez ne s'accordent
pas avec leurs diſtances du Soleil.

La vingt-neuviéme contient le nombre de lieues cubes que peuvent contenir les croutes ſpheriques de chaque Planete , leſquels nombres de cubes augmentent à
proportion que chaque Planete eſt plus éloignée du
Soleil.

14. Chaque Planete étant ſituée environ le centre de
ſon tourbillon, chaque tourbillon doit avoir ſon étendue particuliere , & cette étendue doit être proportionnée à la rapidité du mouvement de chaque Planete
autour de ſon axe ; or Venus qui eſt plus groſſe que la
terre , & faiſant ſa révolution autour de ſon axe en
moins de temps que la terre autour du ſien , il ſuit que
le mouvement de l'air ou fluide qui environne Venus,
eſt plus rapide que le mouvement de l'air qui environne la terre

15. J'ai penſé que de même que les tourbillons du
Soleil & des Etoiles fixes ſe joignent, les tourbillons
des Planetes doivent auſſi ſe joindre, non pas de tous
les côtez , mais ſucceſſivement , en ſorte que le tourbillon de Mercure doit joindre celui de Venus , celui
de Venus à celui de la terre , celui de la terre à celui de
Mars, & ainſi de ſuite. Sur ce principe j'ai dreſſé la
colonne trentiéme qui contient le nombre de lieues que
fait un point de l'équinoxial de chaque Planete en une
heure de temps , par cette colonne je trouve la maniere
de comparer les differentes rapiditez de leurs mouvemens autour de leurs axes, par exemple le mouvement de
Venus qui fait en une heure 518 lieues autour de ſon axe,
eſt plus rapide que celui de la terre qui n'en fait que 375.
par heure.

16. Par la comparaiſon de ces differentes rapiditez,
j'ai dreſſé les colonnes 31, 32, 33, 34, 35, 36 pour
exprimer en diametres de la terre les étendues des tourbillons; dans les colonnes 31, 32, 33. les étendues des

tourbillons y sont données , toutes les Planetes étant supposées dans la ligne de l'apogée de Mars , les 34, 35, 36. supposent toutes les Planetes être dans la ligne du perigée de Mars , afin de faire mieux concevoir combien ces étendues different de l'une à l'autre position.

17. Les colonnes 31 & 34 contiennent la distance de deux Planetes voisines , sçavoir la 31 , lorsque les Planetes sont en même temps dans l'apogée de Mars, la 34. lorsqu'elles sont dans la ligne du perigée.

18. Les colonnes 32 & 35. contiennent l'étendue ou demi diametres des tourbillons des Planetes voisines , par exemple le demi diametre du tourbillon de la terre du côté de Venus est de 1431 diametres de la terre dans la colonne 32, & le demi diametre du tourbillon de Venus du côté de la terre est de 1978 diametres de la terre , & du côté superieur , le demi diametre du tourbillon de la terre du côté de Mars est de 4770 diametres de la terre , & le demi diametre du tourbillon de Mars pris vers la terre est de 310 diametres de la terre , en ajoutant ensemble les deux demi diametres du tourbillon de la terre 1431 & 4770 , la somme est 6201. pour le total du diametre du tourbillon de la terre mesurée dans la ligne de l'apogée de Mars.

19. Pour trouver les demi diametres des tourbillons, j'observe selon la colonne 30 que la terre qui a 9000 lieues de tour fait sa révolution journaliere en 24 heures, ce sont 375 lieues par heure. Venus qui fait sa révolution autour de son axe en 23 heures, peut avoir de circonference 11893 lieues , c'est par heure 518 lieues : j'ajoute ensemble ces deux nombres 375 & 518 , la somme est 893 , & je dis si 893. somme des rapiditez comprend 375 lieues pour la rapidité du mouvement de la terre en une heure , combien 3409 diametres de la terre (distance entre la terre & Venus) produira pour l'étendue du tourbillon de la terre vers Venus , il me vient 1431 diametres de la terre pour cette étendue , & par la même regle il me vient aussi 1978 diametres de la terre, pour le demi diametre du tourbillon de Venus vers la terre. J'ai suivi la même Analogie pour les autres Planetes.

20. Il faut supposer que les tourbillons des Planetes

ont dû être ronds & fpheriques dans leur premiere formation, & chacun d'un volume déterminé & fixé,
qui ne peut être augmenté ni diminué, en forte que
fi le diametre du tourbillon de Venus eft égal à 1000
diametres de la terre, le folide de ce diametre fera
1000000000000 fois le folide de la terre; que fi ce
folide eft divifé par le diametre vertical du tourbillon
de Venus de 4847. dans la colonne 33. qui eft le petit diametre de la lentille de ce tourbillon applati entre
celui de la terre & celui de Mercure, le quotien de
cette divifion fera le quarré du grand diametre de la
lentille dont la racine fera 15319 diametres de la terre,
fur quoi j'ai dreffé les colonnes 37, 38, 39, pour exprimer ces diametres felon les titres de ces colonnes.

21 Voilà donc en abregé l'expofé de ce qui eft contenu dans le mouvement des Aftres avec les premieres
conféquences qu'on en peut tirer. Il faut maintenant
expliquer la caufe de ces mouvemens pour parvenir à
la décifion de la queftion propofée, & pour commen-
cer je dirai avec (a) M. Defcartes, *de quâ ut rectè philo-
fophemur, duo funt inprimis obfervanda, unum ut at-
tendentes ad infinitam Dei potentiam & bonitatem, ne
vereamur nimis ampla, & pulchra, & abfoluta ejus opera
imaginari ; fed è contrario caveamus ne fi quos forte limites nobis non certo cognitos, in ipfis fupponamus, non
fatis magnificè de Creatoris potentia fentire videamur.* Car
nous fçavons que Dieu par fa puiffance infinie a fait
tout ce qu'il a voulu avec une fageffe infaillible, il s'eft
formé un deffein & tout ce qu'il a créé concoure à la
perfection de ce deffein.

22. L'Univers dans lequel nous fommes compris fait
partie de ce qu'il a créé pour parvenir à cette fin; cet
Univers eft formé de la matiere qui eft une fubftance
réélle, laquelle nous eft rendue fenfible par les accidens
qui l'accompagnent, 1°. L'étendue qui lui donne la
forme, 2°. Le mouvement qui lui donne l'action,
3°. Le temps qui donne la durée à l'action.

Quoiqu'il femble que je faffe diftinction entre la matiere & l'étendue, je fçai néanmoins qu'il n'y a point

a *Iaem p. 3. art. 1.*

de matiere sans étendue, ni d'étendue sans matiere; mais c'est parcequ'il y a des Physiciens qui prétendent qu'il ne faut pas confondre les notions du lieu, de l'espace, ou de l'étendue, toute pure avec la notion de la substance, qui outre l'étendue renferme aussi la resistance.

23. Pour entrer en explication de la cause physique des mouvemens des Astres, il convient auparavant d'essayer à bien concevoir ce que c'est que cette étendue immense dans laquelle ils nagent tous, de qu'elle forme sont les matieres qui la remplissent, & pourquoi ces matieres nous permettent de voir des Etoiles qui sont éloignées de nous de distances si prodigieuses, qu'elles surpassent tout ce que l'esprit humain est capable de comprendre, pendant que les matieres qui nous touchent sont toutes differentes, grossieres, palpables, opaques, en sorte qu'il n'est pas possible de les comparer ensemble, ni même de faire des épreuves dans nos fluides les plus purs qui puissent avoir un juste rapport avec les phénomenes du mouvement des Astres dans ce fluide immense de l'Air ou Ether.

24. M. Descartes divise la matiere en trois Elemens, *a* la matiere subtile dont les parties sont les plus petites & les plus actives forme son premier Element, les parties rondes ou globuleuses forment son second Element, & les parties plus grossieres forment son troisiéme Element.

25. Il me paroît que M. Descartes donne trop de fonctions à son premier Element, on ne trouvera pas mauvais que je le divise en deux; je nommerai le premier, Element actif, auquel seul j'attribuerai le mouvement primitif, ou mouvement originaire direct; je suppose les parties longues & droites comme des bâtons d'une petitesse incomprehensible & sans aucuns pores, de sorte que ces parties de l'Element actif sont les plus dures de tous les Elemens, infléxibles, inalterables, d'un poli parfait, & parfaitement égales entre elles dans un même tourbillon.

26. Je nommerai le second Element matiere fléxible,

a Idem p. 3. art. 52.

les parties en sont plus petites que celles du premier Element, elles sont capables de s'accommoder à la figure de tous les espaces où elles se trouvent en un instant, étant d'une flexibilité si mobile qu'elle nous est incomprehensible.

27. Je croi qu'il est necessaire de la concevoir ainsi, afin de mieux faire comprendre comment il n'y a point de vuide; car si on vouloit supposer que la matiere a été créée en une masse qui remplissoit toute l'étendue de l'Univers, qu'ensuite ayant été divisée & le mouvement donné en toutes les parties à chacune en particuler & separément, elles se sont brisées, il faudroit supposer qu'elles étoient dures; ces parties dures en se rompant, leurs brisures & raclures n'auroient pû être d'un poli parfait, elles n'auroient pû couler les unes au long des autres sans laisser des vuides, le nombre infini des parties de brisures auroit formé une quantité prodigieuse de vuides, qui jointes ensemble auroient pû contenir un espace dans l'Univers assez considerable, ce qui est contraire aux principes de la Physique: car il faut observer que non seulement le frottement des parties brisées ne peut operer un poli plus parfait que celui de l'Art qui est toujours défectueux; mais aussi si la matiere dans sa premiere formation a été une masse & un corps dur, les brisures n'ont pû être d s parties fléxibles comme les eaux, les huiles, &c. & les réunions de ces parties n'ont pû former de corps aussi durs comme sont les diamans les plus durs, &c.

28. Je considere donc ces parties fléxibles du second Element d'une même espece dans tout l'Univers, & capables par leur fléxibilité de s'accommoder avec toutes les incommensurabilitez des parties de toutes les autres matieres, ainsi il faut considerer ce second Element comme un fluide très-libre & très fléxible, dans lequel nagent toutes les autres matieres de l'Univers entier.

29. Des parties rondes & globuleuses qui font le second Element de M. Descartes, j'en formerai le troisiéme Element; ces globules sont plus gros que les parties du premier & second Element; ils ne sont point poreux, mais ils sont durs, ces parties ont leur superficie d'un poli parfait, ce qui fait qu'elles ne peuvent

point être accrochées ni arrêtées par aucunes matieres.

30. Ces parties globuleuses font posées par assises, *Figure premiere.* Chaque assise a autant d'épaisseur que le diametre d'un de ces globules a de longueur ; (*a*) ces globules font parfaitement égaux dans un même tourbillon, chacun est environné de quatre autres globules dans le même niveau ou assise qui le touche en quatre points, & encore par deux autres assises, l'une de l'assise de dessous, l'autre de l'assise de dessus, de sorte qu'un seul globule étant dans sa situation naturelle & sans mouvement touche à six autres globules, & de même de tous les autres globules qui remplissent un tourbillon; ainsi ces globules laissent entre eux des espaces quadrilataires, lesquels font à la somme des espaces remplies par les globules, environ comme 10 à 11. excepté dans les dernieres assises des extrêmitez du tourbillon, que ces globules font plus pressez ne laissant entre eux que des espaces triangulaires comme font les piles de boulets dans les Villes de guerre, comme dans la Figure premiere C. & D.

31. Il n'arrive peut-être jamais que les parties globuleuses soient dans cette situation reguliere, parceque le mouvement continuel des parties actives du premier Element ne permet pas à des boules d'un poli parfait de demeurer en repos. Elles changent sans cesse de situation, les espaces entre elles augmentent dans un endroit & diminuent dans un autre, ce qui donne la possibilité de pomper l'air ou globules d'un recipient, pour n'y laisser entrer que les parties du premier & second Element; parceque les espaces quadrilataires entre ces globules deviennent plus serrez, même triangulaires ; ces globules se rapprochent les uns des autres, pendant que les parties du second Element qui les remplissoient s'en retirent & passent au travers les pores du recipient, pour remplir les places de l'air à mesure qu'il est pompé.

32. Ces parties globuleuses (*b*) qui forment le troisié-

a *Idem* 3. *part. art.* 87. 92. *& Fig. art.* 135.
b *Voyez la Fig.* 1. *les globules du tourbillon* AAB. C. *font incommensurables avec ceux d'un autre tourbillon* D. D. E. FF.

me Element, font proprement ce qu'on appelle l'Air ou Ether qui remplit tous les tourbillons de l'Univers, avec cette diftinction que les globules d'un tourbillon font incommenfurables avec ceux de tous les autres tourbillons, mais ils font parfaitement égaux dans un même tourbillon. Cette incommenfurabilité en des globules parfaitement ronds & d'un poli parfait ne peut confifter qu'en un peu plus ou moins de grandeur de diametre de ceux d'un tourbillon à ceux d'un autre tourbillon ; mais il fuffit que cette augmentation ou diminution foit de cent mil fois la cent milliéme partie d'un diametre à l'autre pour caufer cette incommenfurabilité, ce qui eft poffible au Créateur, comme de les faire tous d'une égalité parfaite dans un même tourbillon.

Les globules ne rempliffent pas entierement le tourbillon où ils font, (a) ils le rempliffent feulement comme des boules ou des œufs rempliffent un vaiffeau plein d'eau.

33. Le quatriéme Element eft ce qu'on nomme matieres groffieres, & auquel M Defcartes donne le nom de troifiéme Element, les parties duquel ne font point d'un poli parfait, comme font celles des trois premiers Elemens ; ce font de ces parties groffieres que font formées la Terre, les Planetes, les Cometes, même les taches du Soleil ; ces parties font d'efpeces & de figures differentes, mais celles d'une même efpece ont leur figure femblable, elles ont des fibres & lineamens réciproques pour fe joindre & s'unir les unes aux autres, ce qui fait que ces parties d'une même efpece fe joignent plus volontiers enfemble, qu'avec celles d'autre efpece, quoique celles de differentes efpeces fe joignent & s'uniffent auffi affez aifément enfemble.

Il y a des efpeces dont les parties font dures comme les métaux, les pierres, &c. les autres font fléxibles comme l'eau, l'huile, &c.

34. Le nombre des efpeces differentes des matieres du quatriéme Element eft confiderable, & celui de leurs combinaifons peut fe dire infini, chacune de ces par-

a *Idem p.* 3. *art.* 49.

ties prises en particulier est plus petite qu'une partie de l'air, c'est-à-dire qu'un globule, mais moins petite qu'une de celles du premier & second Element, elles sont assez petites pour que les espaces quadrilataires entre les globules puissent en contenir plusieurs. C'est par ce moyen que les vapeurs & les exhalaisons s'élevent dans l'air jusqu'à des hauteurs considerables & en grande quantité, lesquelles en se condensant forment des pluyes, des tonneres & des éclairs.

35. Quoiqu'un globule soit plus gros que toute autre partie de matiere, néanmoins il est si petit qu'il n'y a point de microscope qui puisse nous le faire apercevoir. Ces globules ne peuvent jamais se joindre les uns aux autres, ni à quelqu'autre partie de matiere que ce soit, tant à cause de leur rondeur que de leur poli parfait; mais les parties dont sont formez les corps transparens qui sont encore plus petites, peuvent être en partie d'un poli parfait dans leur longueur avec des fibres par les bouts par lesquels elles s'unissent réciproquement, par conséquent les espaces entre elles peuvent être plus grands que le diametre du corps de la partie. Ainsi les parties du premier Element du Soleil entrent dans ces espaces, les pénétrent sans cesser de tourner, & il me paroît que c'est d'où doit dériver la cause des corps transparens.

36. Toutes les parties des matieres du quatriéme Element en se joignant, n'ont pû s'approcher les unes des autres si intimement, qu'elles n'ayent laissé entre elles des intervalles qui sont les pores par lesquels passent & repassent continuellement les parties du premier Element.

37. Il y a encore un cinquiéme Element qui est la matiere magnetique, que je ne peux définir en cet endroit; mais que la necessité de ses fonctions me donnera occasion de définir plus intelligiblement dans la suite.

38. J'espere qu'on ne désaprouvera pas la maniere dont j'ai défini les trois premiers Elemens, le premier & troisiéme d'un poli parfait, & le second d'un fléxible aussi parfait. Toute l'étendue immense entre les corps du Soleil, des Planetes & des Etoiles fixes étant rem-

pli sans aucun vuide par ces trois matieres, il est aisé de concevoir que les corps les plus éloignez peuvent par leurs mouvemens être rendus sensibles par la continuité de ces trois Elemens qui remplissent tout l'Univers, sans qu'aucune partie puisse être liée aux autres.

39. Et le mouvement du Soleil, des Planetes & des fixes doit être d'une parfaite liberté dans un fluide formé par ces trois Elemens, en même temps chaque tourbillon doit être parfaitement distinct & séparé de tous les autres tourbillons, au moyen de l'incommensurabilité des globules de chacun en particulier, comme en effet nous voyons qu'il n'y a aucune confusion en toute la conduite de la Nature, & pour déveloper la perfection de ce grand Ouvrage, je ne croi pas qu'on puisse se dispenser d'attribuer à chaque partie la perfection dans laquelle il paroît qu'elle doit avoir été formée, & que depuis la création de toutes les parties de la matiere il n'est arrivé en elles aucun changement ni division, ni alteration. Si M. Descartes pour établir ses principes, a supposé que la matiere est divisible à l'infini, il est aisé de concevoir qu'il n'a supposé cette division a l'infini que pendant la formation originaire de l'Univers, sans vouloir faire croire néanmoins que cela soit arrivé ainsi, puisqu'il convient qu'elle ne pouvoit être vraye, (a) *que quamvis falsa existimentur.* C'est pourquoi il dit aussitôt, *Non enim dubium est quin Mundus ab initio fuerit creatus cum omni sua perfectione; ita ut in eo & Sol & Terra, & Luna & Stellæ exstiterint; ac etiam in Terra non tantum fuerint semina plantarum sed ipsæ Plantæ. Attendendo enim ad immensam Dei potentiam, non possumus existimare illum unquam quidquam fecisse quod non omnibus suis numeris fuerit absolutum.*

Peut être que de son temps il ne s'est pas crû assez autorisé pour oser entreprendre de détruire d'un plein abord le cahos des Poëtes, pour lequel la plus grande partie des Philosophes étoit prévenue; il vouloit cependant insinuer ses principes dans tous les esprits, & philosophoit selon les sentimens de chacun; mais il est sensible que son sentiment étoit, que dès le commen-

a *Idem p.* 3. *art.* 44. 45.

remens le Monde a été créé avec toute sa perfection, & que toutes choses ont été créées selon le nombre & la juste quantité necessaire pour satisfaire pleinement à ce que le Créateur a voulu faire.

40. Je suppose cette création des matieres avoir été faite avant la création du mouvement ; que de ces masses spheriques composées du premier Element, il en a été placé en plusieurs endroits de l'Univers un nombre infini, & que chacune de ces masses ou formes étoient differentes en grosseurs, qu'une partie de ces masses spheriques destinée pour former des satellites, ne contenoit en toute sa sphere que des parties du premier Element, (troisiéme Fig. Y.) que les principales de ces masses destinées pour former le Soleil, des Etoiles fixes & des Planetes principales, étoient environnées & comme enfermées dans un limbe spherique formé de matieres magnetiques, (deuxieme Fig. M.) qui forment un cinquiéme Element dont je parlerai dans la suite. Ces masses sont les Astres proposez par M. Descartes que je suppose ainsi créées en differentes situations & distances les unes des autres.

41. Chacun de ces Astres (a) étoit environné de tous les côtez par des globules ou matieres du troisiéme Element, jusqu'à une certaine étendue spherique de quatre ou cinq mille fois, ou plus, le diametre de l'Astre qui étoit au centre, & cette étendue de globule étoit ce qui formoit le tourbillon de l'Astre. On pourroit comparer ces étendues ou tourbillons à des lanternes spheriques qui auroient chacune une lumiere au centre.

42. Les globules sont posez par assises spheriques (b) autour de chaque Astre, les espaces entre ces globules sont remplis en partie par le second Element ou matieres fléxibles, & le surplus par les differentes especes de matieres du quatriéme Element, lesquelles je suppose avoir été créées entre les globules proche la superficie de l'Astre en A. (Fig. II.) mais par assises differentes les unes au dessus des autres, autant d'assises comme il y a de differentes especes de matieres, & chaque assise

a *Fig.* II. *premier quartier.*
b *Fig.* II. *premier quartier.* **A. B. D.**

d'une même espece de matiere comprenoit un grand nombre des assises des globules. Chaque partie d'une même espece de matiere séparée l'une de l'autre, & il y avoit entre elles des parties flexibles du second Element, le surplus du tourbillon entre A & D c'est-à-dire B. n'étoit rempli entre les globules que des parties du second Element seul, ainsi les matieres grossieres du quatriéme Element dans un tourbillon ne remplissoient pas le tourbillon. Il y en avoit dans les uns plus, dans les autres moins. Par exemple, Mars duquel l'Astre étoit beaucoup plus petit que celui de Venus, comprenoit cependant beaucoup plus de matieres grossieres autour de soi que l'Astre de Venus qui est plus étendu, ce qui fait que Venus est moins grave que Mars, & que si selon la colonne 29 de la Table, la croute qui couvre l'Astre de Mars contient 2238160405 lieues cubes, celle qui couvre l'Astre de Venus n'en doit contenir que 415829873, ainsi la croute de Mars est d'un volume qui est plus que cinq fois plus gros & plus solide que le volume de la croute de Venus.

43. Concevons dans toute l'étendue de l'Univers un nombre infini de ces tourbillons de differentes grandeurs, les plus grands Astres occupent les centres des plus grands tourbillons. Concevons aussi que le tourbillon qui a le Soleil pour Astre en son centre, a dans son étendue plusieurs autres Astres avec leurs tourbillons dont ils occupent les centres, & que dans quelques-uns de ces tourbillons comme dans ceux de la Terre, Jupiter, Saturne, &c. Il y a d'autres petits tourbillons comme ceux de la Lune & des satellites de Jupiter & de Saturne; mais qu'autour des Astres qui doivent servir de Soleil, il y a peu ou point du tout de matieres grossieres.

44. Afin de donner lieu à la lumiere du Soleil de pénétrer dans tous les tourbillons contenus dans le sien, il est à propos que les parties du premier Element du Soleil soient commensurables & comme nombre à nombre avec celles de Mercure, Venus, la Terre, Mars, Jupiter, Saturne, &c. & de leurs satellites. Celles du Soleil doivent être les plus petites comme l'unité, celles de la Terre plus longues; nous pouvons les supposer

être

être à celles du Soleil comme 5 à 1. celles de la Lune comme 10 à 1. par conſequent ces parties du premier Element de la Lune ſeront à celles de la Terre comme 10 à 5. ou comme 2 à 1. Nous pouvons auſſi ſuppoſer celles de Venus être de 3. celles de Mars de 4. &c. il arrivera dans ces proportions que les parties du premier Element du Soleil que nous conſiderons comme l'unité, pouvant diviſer ſans fraction les longueurs 3. 4. 5. 10, &c. pourront pénétrer dans tous ces tourbillons ; mais celles de la Terre qui ſont de 5. ne pourront être diviſées par 3. ni par 4. ſans fractions, ne pouvant pénétrer dans le tourbillon de Venus ni dans celui de Mars, joint à ce que les globules du tourbillon du Soleil, Mercure, Venus, la Terre, Mars, Jupiter, Saturne, &c. ſont incommenſurables entre eux, ce qui opere un double empêchement à la rupture des tourbillons voiſins, & au mélange des uns avec les autres.

45. Conſiderons tous ces Aſtres avec leurs tourbillons, qui compoſent & rempliſſent l'Univers, créez dans un parfait repos chacun dans la ſituation qui doit lui convenir, ſuppoſons-les créez ainſi avant le mouvement, afin de nous former une idée de l'état de l'Univers en lui-même ſans confuſion, pour pouvoir en faire le dévelopement par une explication ſucceſſive des differens effets qui ſeront cauſez par le mouvement.

46. Suppoſons enſuite que le mouvement a été créé dans chacun de ces Aſtres en un même inſtant qu'il en a été établi deux dans le Soleil, dans les Fixes & dans les Planetes principales, ſçavoir le mouvement centrifuge & le mouvement circulaire ou journalier, mais dans les ſatellites il n'y a été établi que le mouvement centrifuge

47. Ce mouvement centrifuge (*a*) donne à chaque partie du premier Element de chaque Aſtre une diſpoſition & une activité pour s'éloigner du centre de l'Aſtre d'une viteſſe inconcevable, qui ſurpaſſe de beaucoup celle d'une bale de mouſquet, elle doit ſurpaſſer la viteſſe de tous les autres mouvemens, puiſque c'eſt de ce mou-

a *Fig. 11. troiſiéme quartier.*

B

vement originaire que doivent dériver tous les autres mouvemens. Cette activité à s'éloigner du centre tend de tous les côtez en ligne droite de rayons de sphere, par lequel mouvement originaire & primitif ces parties du premier Element sont transportées depuis le centre de l'Astre I. jusqu'aux extrêmitez du tourbillon D. D.

48. Ces parties du premier Element qui s'éloignent du centre ne passent point les extrêmitez du tourbillon, parceque dans les tourbillons voisins les parties de leur premier Element qui viennent de differens centres sont incommensurables entre elles, & les directions de leurs mouvemens sont opposez; de même que les globules A. B. C. d'un tourbillon sont incommensurables avec celles de D E F. qui sont d'un autre tourbillon (*Fig. I*) les parties du second Element qui se trouvent dans les jonctions des tourbillons reçoivent d'un côté des impressions incommensurables avec celles de l'autre, ce qui forme une séparation dans toute la superficie de chaque tourbillon, comme une peau formée par un arrangement different des parties : car dans les extrêmitez de chaque tourbillon les parties globuleuses sont plus pressées que dans le corps du tourbillon, c'est à dire qu'elles ne laissent entre elles que des espaces triangulaires comme les globules des assiis D C. & de DO E. (*Fig. I.*) ces globules ainsi serrez & rapprochez les uns des autres ne font plus place & ne se dérangent pas à l'approche du premier Element de leur tourbillon, il n'y a que le premier Element du Soleil qui puisse percer tout, à cause qu'il est plus petit. L'abord des parties du premier Element sur ces globules des extrêmitez du tourbillon les presse encore plus, ce qui oblige ces parties du premier Element à retourner vers le centre, parceque leur mouvement originaire ne peut cesser ni diminuer. Les parties du second Element qui remplissent ces espaces triangulaires ne s'en délacent pas aisément dans les extrémitez de l'un & de l'autre tourbillon qui se joignent, à cause des impressions incommensurables qu'elles reçoivent de chaque côté, ainsi ces parties du premier Element d'un tourbillon qui abordent par élancement d'une extrême vitesse sur ces globules resserrez ayant ce mouvement originaire qui

ne peut ceſſer, ne ſont pas dans le pouvoir de demeurer ni s'arrêter aux extrêmitez intérieures du tourbillon, parceque celles qui les ſuivent avec la même activité, les chaſſent continuellement pour ſe faire place, & à celles qui les ſuivent ſucceſſivement.

49. Ces parties du premier Element venues du centre C. aux extrêmitez DD. (*troiſiéme quartier Fig.* II.) qui ont abordé les premiers la ſuperficie inférieure de leur tourbillon, par l'effet de leur mouvement originaire qui ne ceſſe point, retournent vers le centre avec la même viteſſe qu'elles en ſont venues, mais en rebrouſſant vers le centre C. elles ne ſont plus dirigées, elles y retournent diſpoſées confuſément comme les eaux d'un jet d'eau qui retombent en differentes ſituations par les alignemens DC. & c'eſt ce qui cauſe la peſanteur, elles ne peuvent retourner vers le centre par ailleurs que par les alignemens EC. entre les rayons CD. des parties qui viennent du centre C. aux extrêmitez du tourbillon D. où elles abordent plus éloignées les unes des autres qu'en partant du centre; ainſi ces parties du premier Element quittant les extrêmitez du tourbillon D. d'où elles ſont chaſſées pour retourner au centre C. trouvent des eſpaces entre DD. plus que ſuffiſans pour ſe placer entre les rayons CD. CD.

50. Les parties du premier Element qui rebrouſſent, ne peuvent aller autrement que directement vers le centre entre les rayons CD. des parties qui en viennent, parceque ces parties qui viennent du centre par élancement ſe ſuivent de ſi près, que l'on pourroit dire qu'elles ne laiſſent point d'intervalles entre elles, en ſorte que les parties qui rebrouſſent par les alignemens EC. ne peuvent couper ni pénétrer ces rayons, ainſi il faut qu'elles ſuivent juſqu'au centre les eſpaces entre les rayons; d'où il ſuit que les corps entraînez vers le centre par les parties rebrouſſantes d'un rayon EC. doivent augmenter la rapidité de leur deſcente à proportion qu'elles approchent du centre, parceque les eſpaces entre les rayons CD. CD. devenans toujours plus ſerrez, les parties rebrouſſantes s'approchent de plus en plus les unes des autres. Ce corps qui ne diminue point ſa ſuperficie ſuperieure, reçoit néanmoins une augmen-

tation de preffion par l'augmentation des parties re-
brouffantes qui fe rapprochent toujours. Ceci n'eft dit
que pour la plus grande juftification du fyftême, qui en
cela eft conforme aux experiences.

51. Il faut obferver que toutes les parties du premier
Element d'un tourbillon ont reçu chacune en particulier leur activité de mouvement pour s'éloigner du centre & y retourner, elles ne peuvent jamais fe lier à
caufe de leur poli parfait, ce qui fait qu'étant parvenues
aux extrêmitez du tourbillon chacune par fon mouvement originaire particulier, rebrouffe & retourne vers
le centre par l'intervalle EC. qui lui eft le plus proche.

52. Les parties du premier Element de l'Aftre qui eft
au centre de la Lune & d'un fatellite ne peuvent caufer
la lumiere, parceque dès la fortie de leur Aftre elles fent
en ligne de direction fans tournoyer ni piroüetter comme les rayons CD. (*Fig.* II. troifiéme quartier) ainfi elles
paffent au travers du fecond Element ou matiere fléxible fans la faire rejallir, même quand ces parties du
premier Element qui font en ligne de direction rencon-
treroient des corps opaques.

53. A l'égard du Soleil, des Etoiles fixes & des Aftres
des principales Planeres, l'Aftre I. (*Fig.* III. *& Fig.* II.
premier quartier) eft environné du limbe fpherique M.
dont les parties qui le compofent ont reçu encore un
autre mouvement originaire & primitif, qui eft de
tourner circulairement autour de l'Aftre I. lequel mouvement circulaire a un axe & des poles, il eft auffi
d'une viteffe inconcevable ; ces parties du limbe M.
font celles que j'ai déja nommées matiere magnetique
& cinquiéme Element, dont toutes les parties font égales & femblables dans un même tourbillon : elles doivent être de la figure d'un cône allongé & d'un poli
parfait (*Fig.* III. KN.) Elles ne peuvent paffer par les
pores de l'or & de plufieurs autres matieres à caufe de
la bafe ou culée du cône qui les arrête ; mais quand
elles fe rencontrent en des pores par lefquels elles ne
peuvent paffer, leurs parties prennent d'autres routes,
elles cheminent la pointe la premiere, elles traverfent
d'une grande viteffe dans les pores qui leur convien-
nent, elles les traverfent aifément au moyen de la ra-

pidité de leur mouvement; il y a apparence que l'inte-
rieur des pores de l'aimant & de l'acier est fléxible d'un
sens comme les barbes d'un épi de bled, ils s'appliquent
avec justesse sur les cônes qui y entrent la pointe la
premiere, & cette application qui est juste dans la ligne
à peu près paraile e à l'axe du monde, donne occasion
aux parties de même espece de s'y insinuer par préferen-
ce aux autres.

54. Ces parties magnetiques ont aussi reçu chacune
en particulier l'impression d'un mouvement circulaire
autour de l'Astre où el'es sont posées, avec une vitesse
excessive; elles ne forment p int un corps, mais les
parties qui sont vers la superfic.e superieure s'en écar-
tent assez aisément, de maniere qu'elles se mêlent avec
les globules du troisiéme Element, elles s'y insinuent par
la pointe qui va toujours devant d'Occident en Orient,
& par le moyen de la culée elles entraînent avec elles
les globules & les parties grossieres qui sont proche la
superficie du limbe, & les font tourner très-vite comme elles autour de l'axe de leur mouvement

55. Ce mouvement circulaire s'est communiqué successivement de proche en proche dans les globules, & est
parvenu aux extrêmitez du tourbillon, en sorte que les
tourbillons des Planetes compris dans un plus grand
tourbillon, & qui nagent dans les globules de ce plus
grand tourbillon, sont emportez par la rapidité du
mouvement de ces globules autour de l'Astre de ce plus
grand tourbillon. C'est la-raison pourquoi les tourbillons & les planetes de Mercure, Venus, la Terre, Mars,
Jupiter, Saturne, &c. qui sont compris dans le grand
tourbillon du Soleil, sont emportez autour du Soleil
par la rapidité du mouvement circulaire de ses globules, à eux communiqué par les matieres magnetiques
du limbe qui environne le Soleil.

Et c'est par la même raison que la Lune & son tourbillon qui nagent dans les globules du tourbillon de la Terre
est emportée par ces globules & tourne autour de la Terre, il en est de même des satellites de Jupiter, Saturne, &c.

56. L'Astre du Soleil I. (a) est comme renfermé dans

a *Fig. III & Fig. II. quatrieme quartier.*

le limbe fpherique M. les parties du premier Element qui forment cet Aftre par l'effort de leur mouvement primitif, partent par élancement du centre pour s'en éloigner d'une viteffe incomprehenfible de tous les côtez en lignes de rayons de fphere, ces parties magnetiques du limbe M. étant toutes d'un poli parfait fans aucune liaifon, il n'eft pas difficile aux parties du premier Element de fe faire place & paffer au travers, mais comme ces parties magnetiques font plus groffes que celles du premier Element, & qu'elles ont un mouvement originaire auffi rapide mais circulaire & contraire, ces parties du premier Element de l'Aftre I. en paffant au travers des parties du limbe M. font rencontrées par ces magnetiques qui les font tournoyer & piroüeter, elles continuent enfuite de tournoyer jufqu'à ce qu'elles foient parvenues aux extrêmitez du tourbillon du Soleil, en tournoyant ainfi les parties fléxibles du fecond Element qui ne laiffent point de vuide, fe trouvent dans un mouvement très-actif qui caufe la lumiere par fon rejailliffement fur nos yeux.

57. Il eft à obferver que l'Aftre fpherique du Soleil I. ne tourne point, il eft toujours fixe dans la même fituation, les mêmes parties du premier Element qui au commencement ont eu leur direction vers un point du Ciel, par exemple vers l'Etoile du grand Chien, l'auront de même jufqu'à la fin du Monde, il n'y a que les parties qui forment le limbe fpherique M. qui tournent autour de leur axe fans donner aucune atteinte de leur mouvement circulaire au premier Element, autrement le mouvement des parties du premier Element ne feroit plus direct.

58. Les Aftres qui font au centre de la Terre & des autres Planetes, font approchant dans la même difpofition : car fi la Terre par exemple ne tournoit point autour de fon axe, elle conferveroit toujours le même Emifphere du côté du Soleil, en forte que l'autre Emifphere demeureroit dans une nuit perpetuelle, ainfi le mouvement journalier peut être fuppofé un effet de la prévoyance du Créateur ; la Lune & les fatellites de Jupiter, Saturne, &c. n'ont pas befoin d'un mouvement autour de leur axe, parceque tournant autour de

la Terre, ou de Jupiter, ou de Saturne, la Lune & les satellites se trouvent successivement éclairez de tous les côtez. C'est pourquoi nous voyons toujours la même face de la Lune, parceque l'Aitre qui est au centre n'ayant point de limbe qui l'environne, le rayon des parties de son premier Element qui dès le commencement a été dirigé vers la terre, est toujours demeuré du même côté, & ainsi des satellites de Jupiter, Saturne, &c.

59 On peut ici faire entendre comment la Terre (a) & les Planetes se sont formées aux centres de leurs tourbillons, renfermons-nous dans la formation de la Terre seule, & considerons qu'aussi-tôt la création du mouvement centrifuge donné à la masse du premier Element I. & du mouvement circulaire donné aux parties du limbe spherique M. il est sorti de l'Astre I. une quantité prodigieuse de parties du premier Element qui ont passé au travers du limbe M. & se sont répanduës de tous les côtez dans toute l'étenduë du tourbillon, ce qui a fait que l'Astre I. premier quartier qui pouvoit avoir quatre à cinq mille lieuës de diametre a été réduit (2. quartier) a peut-être moins que la moitié. Les parties magnetiques du limbe M. ont dû se rapprocher de la superficie de l'Astre I. à proportion qu'il se diminuoit, en se rapprochant ce limbe diminuoit sa circonference & augmentoit son épaisseur, jusqu'à doubler & au-delà ; mais comme cette épaisseur peut être fixée à certaine étendue, les parties qui sortoient de cette étendue ont été poussées du cercle Equinoxial (où est le mouvement le plus rapide) vers les poles, où étant parvenues & toujours poussées par l'abondance des parties qui les suivent, & par leur mouvement originaire qui ne peut cesser ; cette matiere magnetique ne pouvant rebrousser ni retourner du côté d'où elle est venue, à cause que la pointe va la premiere, son mouvement étant circulaire, elle n'a pû prendre son chemin à s'éloigner du centre, elle n'a pû aussi s'éloigner trop de la superficie du limbe ; ainsi prennent son cours circulaire à quelque distance au-dessus de la superficie du limbe pour former un grand

a Fig. II. premier & second quartier.

cercle, elle n'a pû diriger fon cours autrement que d'un pole à l'autre ; par ce cours circulaire les parties qui fortent du pole arctique rentrent par le pole oppofé & au contraire.

60. Les parties du premier Element fortant de l'Aftre I. en traverfant les matieres magnetiques du limbe M. elles en fortent en tournoyant & entrent ainfi dans les affifes de A. où elles rencontrent les parties groffieres du quatriéme Element, pofées chacune feparément dans les efpaces quadrilataires entre les globules ; les parties tournoyantes en s'éloignant du centre par élancement d'une extrême viteffe, ont caufé un grand mouvement à toutes les parties du quatriéme Element ; les parties du premier font ainfi parvenues aux extrêmitez du tourbillon d'où elles ont rebrouffé & retourné vers le centre confufément fans direction, néanmoins d'une viteffe égale à celle de leur élancement, revenant ainfi elles fe font appliquées fur les parties groffieres, & les ont fait approcher du centre (*ci-deffus* 49.)

61. En même temps que les parties du premier Element fortoient de l'Aftre I. & du limbe M. elles s'introduifoient avec profufion dans les affifes A & B. où elles venoient occuper beaucoup de place, dans le même temps auffi l'Aftre I. & le limbe M. diminuoient de groffeur d'une quantité égale à l'efpace que les parties fortantes venoient occuper dans les affifes A & B. Ces parties qui rempliffoient les affifes A & B. n'avoient point de mouvement propre, elles ne pouvoient fe placer ailleurs que dans les efpaces que l'Aftre I. & le limbe M. laiffoient en fe refferrant, à mefure que les parties du premier Element fortoient ; parceque I & M. perdoient autant de leur groffeur & de leur volume, comme les parties qui en fortoient en venoient occuper dans le furplus du tourbillon.

62. Les parties du premier Element ayant commencé d'aborder fur les extrêmitez inferieures du tourbillon, elles ont auffi tôt rebrouffé pour revenir au centre, en revenant elles ont rencontré les parties des matieres groffieres qu'elles ont fait rapprocher du centre fucceffivement, c'eft-à-dire, que ces parties groffieres ne fe font pas rapprochées du centre avec la même viteffe que

que les parties du premier Element qui rebrouſſent vers
le centre ; mais à meſure que ces parties groſſieres étoient
ſucceſſivement rencontrées par celles du premier Element qui les ſuivoient & les rencontroient, à chaque
rencontre elles ſe rapprochoient de plus en plus vers
le centre, ainſi elles s'approchoient les unes des autres,
& de plus en plus elles ſe ſont condenſées & raſſem-
blées, elles ont commencé à former comme un air un
peu groſſier, une vapeur, un nuage & enfin un corps
qui s'eſt raffermi & a formé la croute de la terre ſur
laquelle nous habitons : *Ex iis primo maculas opacas in
terra ſuperficie genitas eſſe, ſimiles iis quas videmus circà
Solem aſſiduè generari ac diſſolvi ; deinde particulas tertii
Elementi quæ in continua iſtarum macularum diſſolutione
remanebant, per cœlum vicinum diffuſas, magnam ibi
molem aëris ſive ætheris, ſucceſſu temporis compoſuiſſe ; ac
denique poſtquam iſte æther valdè magnus fuit, denſiores
maculas circà terram genitas eam totam contexiſſe atque
obtenebraſſe. (Idem P. 4. A. 2ᵉ.)*

  63. Les parties du premier Element (*a*) qui ſont ſorties
les premieres de l'Aſtre I. ſont celles qui ont abordé les
premieres ſur les extrêmitez inferieures du tourbillon,
d'où rebrouſſant auſſi-tôt elles ont été les premieres de
retour dans l'Aſtre I. d'où elles étoient ſorties, juſqu'à
ce retour l'Aſtre a toujours perdu de ces parties pendant que le ſurplus du tourbillon s'eſt augmenté d'une
quantité égale, les parties ſaillantes continuant de ſor-
tir & de rentrer, l'Aſtre eſt demeuré dans une groſ-
ſeur limitée, les activitez des parties du premier Element continuant leurs retours, les parties groſſieres
des aſſiſes ſuperieures ont été pouſſées dans les aſſiſes
inferieures, ce qui a cauſé les mélanges de toutes les
matieres qui ſe ſont jointes réciproquement & ont formé des corps. Ces parties groſſieres qui n'ont été approchées les unes des autres que par l'effort des parties
du premier Element, qui en les faiſant joindre conti-
nuoient leur route vers le centre, paſſent entre ces parties groſſieres de même que celles qui s'en éloignoient
par élancement. Ces parties, dis-je, du premier Ele-

a *Fig.* I I.

C

ment se sont conservées des pores entre les jonctions
des parties, & au travers des fibres & filamens qui les
unissent, parceque le mouvement des parties du premier Element qui sont élancées d'une vitesse inconcevable, ayant commencé avant la jonction des parties
grossieres, & ayant toujours subsisté pendant leurs
jonctions, continuant sans cesser jusqu'à la fin des sié-
cles, il est aisé de concevoir que ces jonctions n'ont
pû se faire sans laisser tous les pores & passages neces-
saires à toutes les parties du premier Element, & aux
parties magnetiques qui sont les unes & les autres d'une
dureté infléxible, & dont les mouvemens rapides sont
suffisans pour s'ouvrir des pores & des passages au travers de tous les corps.

64. On peut à present résoudre la question proposée,
& pour y parvenir mon dessein est de suivre le sentiment
le plus commun, qui est aussi celui de M. Descartes.
(a) Je supposerai que Mercure, Venus, la Terre, Mars,
Jupiter, Saturne, &c. étoient dispersez dans le tourbillon du Soleil à des distances du Soleil assez considerables, chaque Planete étant au centre de son tourbillon. *Mercurius, Venus, Terra, Luna & Mars, (quæ
sydera etiam singula suum vorticem priùs habuerunt) versùs Solem, ac tandem etiam Jupiter & Saturnus unà cum
minoribus syderibus iis adjunctis, confluxerint versùs eum-
dem Solem, ipsis multò majorem postquam eorum vortices
fuerunt absumpti, &c* (b) Chaque Planete est descendue
vers le Soleil. *Intelligimus illud (sydus) statim atque à
vortice Solis abreptum est, continuò versùs ejus centrum
descendere debere, donec devenerit ad eos globulos cælestes
quibus in soliditate sive in aptitudine ad perseverandum
in suo motu per lineas rectas, est æquale: cumque tandem
ibi erit, non ampliùs ad Solem magis accedet, nec etiam
ab eo recedet, nisi quatenùs ab aliquibus aliis causis non-
nihil hinc inde propelletur; sed inter istos globulos cælestes
libratum, circà Solem assiduè gyrabit & erit Planeta.*

65. Il sembleroit que M. Descartes a entendu que les
Planetes ont été placées au commencement assez pro-

a *Idem part. 3. Art. 146.*
b *Idem part. 3. Art. 140.*

che du plan de l'équateur du Soleil , même dans les distances qui ont formé leurs inclinaisons , en disant qu'elles ont descendu vers le centre du Soleil par des lignes droites. Cependant il peut être , & il est plus vraisemblable que leur premiere position a pû être plus distante du plan de l'équateur du Soleil , puisque dans les observations qu'on a faites des Cometes qui ont paru en 1577, 1664, 1665 , 1672 , 1681 & 1687, on a reconnu que leurs Orbites étoient éloignez de l'Ecliptique jusqu'à 39 & 40 degrez , sur quoi on peut observer que la plus grande rapidité du mouvement des globules du Soleil dans le plan de son équateur , peut avoir autant de largeur proche le Soleil , comme son diametre a de longueur ; le diametre ou épaisseur de cette plus grande rapidité doit toujours s'augmenter en s'éloignant du Soleil , quoique la rapidité du mouvement de ses globules diminue successivement en s'en éloignant. Selon la regle de Kepler les tourbillons des Planetes par leur plus grande étendue n'ont pû être assez distants de l'équateur du Soleil , pour qu'une partie de chaque tourbillon n'y fût pas comprise , je veux dire que chaque tourbillon de Planete avoit une partie d'un côté au moins comprise dans la plus grande rapidité des globules du Soleil.

66. Le tourbillon de Mercure vû du Soleil pouvoit former un angle de 21 degrez , celui de Venus un angle de 70 degrez , celui de la Terre un de 50 degrez , celui de Mars un de 19 degrez ; mais celui de Jupiter pouvoit former un angle de 118 degrez , &c. ainsi il est sensible qu'il n'y avoit point de tourbillon qui ne fût en partie compris dans le plan de l'équateur du Soleil ; & par consequent dans l'étendue de la plus grande rapidité du mouvement de ses globules, d'où il suit que la plus grande rapidité du mouvement circulaire de ces globules à proportion qu'elle se communiquoit de proche en proche & parvenoit à rencontrer un tourbillon, elle l'attiroit à elle & l'obligeoit de s'approcher du plan de l'équateur du Soleil comme le courant rapide d'un fleuve qui attire à soi tous les corps graves capables de nager sur l'eau.

67. Il est aisé de concevoir que toutes les Planetes &

leur tourbillon comprifes dans le tourbillon du Soleil y
étoient difperfées de maniere que les tourbillons ne fe
touchoient point les uns aux autres, en forte qu'ils ont
pû librement chacun s'approcher du plan de l'équateur
du Soleil fans fe rencontrer ni fe toucher, par exemple
Jupiter qui a un tourbillon d'une grande étendue pouvoit fe trouver vers le figne du Capricorne, Saturne
vers le figne de la Vierge, Venus vers le figne d'Aries,
& ainfi des autres.

68. Il a fallu un temps à chaque Planete pour être entierement formées, les parties groffieres ne fe conden-
fent que peu à peu, (ci deffus art. 62.) les Planetes n'ont
pas eu d'abord tout le poids qu'elles devoient avoir.
Celles qui n'avoient pas encore affez de poids pour
donner un commencement de gravité à toute l'étendue de leur tourbillon, font celles qui fe font approchées le plus du plan de l'équateur du Soleil, comme
Venus que plufieurs prétendent être precifément dans
ce plan, & comme il femble vrai ; outre que cette Planete a pû s'y trouver lors de fa premiere fituation, les
autres Planetes qui ont eu un poids affez grave pour
dominer leur tourbillon avant d'être parvenues dans le
plan de l'équateur du Soleil, ont commencé de defcendre vers le centre du Soleil au moment que le poids
de feur croute a fuffit pour les y faire defcendre.

69. Chaque Planete s'étant approchée du centre du So-
feil plus ou moins à proportion que leur denfité a tardé
d'être fuffifante pour les faire defcendre, auffi-tôt que
chacune a commencé de defcendre vers le centre du
Soleil, elle a dû y defcendre en ligne droite entraînée
& pouffée vers le centre par la preffion des matieres du
premier Element du Soleil, qui rebrouffoient en ligne
droite vers le centre; mais auffi cette Planete qui s'eft
encore trouvée entraînée par la rapidité du mouvement
circulaire des globules, a dû auffi fuivre ce mouvement circulaire.

70. Suppofons, par exemple, (a) Mercure lequel pourra
avoir quatre degrez de pefanteur, après que fa croute
fera entierement formée ; fuppofons, dis-je, être parvenu à la plus grande rapidité des globules du Soleil en

Figure IV.

un point A. diſtant du plan de l'équateur du Soleil de
4. degrez 32. min. 50. ſ. n'ayant encore qu'un degré
de denſité, l'aſſiſe ou couche des globules du Soleil
convenable à un degré de denſité eſt au point B. moins
diſtante du centre du Soleil que le point A. Mercure
étant entré dans la rapidité des globules du Soleil a dû
deſcendre dans l'aſſiſe du cercle B C. convenable à ſa
denſité ; mais entraîné circulairement par la grande
rapidité de l'aſſiſe où il s'eſt premierement trouvé, il a
ſuivi ce mouvement circulaire en inclinant néanmoins
ſa route pour joindre l'aſſiſe B C. laquelle il n'a pû
joindre qu'au point C. qui eſt le perigée de l'orbire de
Mercure, dans l'intervalle de temps que Mercure a em-
ployé pour parvenir d'A en C. le poids de ſa croute
s'eſt augmenté, de ſorte qu'étant parvenu au point C.
il pouvoit avoir alors deux degrez de denſité, ainſi
l'aſſiſe circulaire B C. ne convenoit plus à la denſité
de Mercure, ce qui a fait qu'en s'éloignant du Soleil
comme par ſaillies, il a pris ſa route de C. vers E. en
s'éloignant ſon poids s'augmentoit de plus en plus ;
mais comme il s'éloignoit du Soleil comme par ſaillies,
il a traverſé l'aſſiſe E. convenable à quatre degrez de
denſité, & eſt parvenu en un point D. pendant que
Mercure a fait ſa route de C. en E. & d'E en D. ſa
croute s'eſt formée en entier, & a acquis les quatre degrez de denſité qu'il devoit avoir ; mais s'étant avancé
par ſaillies de C en E, & d'E juſqu'en D. ſon poids
de quatre degrez de denſité n'a pû avoir trop de poids
dans l'aſſiſe du point D. laquelle étant convenable à une
denſité de ſix ou huit degrez, Mercure dont la denſité
ne pouvoit paſſer quatre degrez, a dû incliner ſa route
pour ſe rapprocher du centre du Soleil.

71. Or le cheminque Mercure s'eſt tracé par A F C D.
eſt neceſſairement dans un plan & de figure éliptique,
c'eſt pourquoi partant de D. en ſe rapprochant du centre du Soleil, il a dû paſſer par le point A. d'où il eſt
parti, ce qui eſt cauſe que l'inclinaiſon d'une Planete
tant en ſon apogée qu'en ſon perigée, forme toujours un
angle égal avec le plan de l'équateur du Soleil.

72. Pour prouver qu'une Planete fait ſon chemin périodique dans un plan paſſant par le centre du Soleil, il

faut se souvenir que les parties du premier Element du Soleil partant du centre en lignes de rayons de sphere, elles y reviennent de même directement au centre ainsi à quelque distance du plan de l'équateur du Soleil que ces parties du premier Element revenant au centre, rencontrent un corps grave comme une Planete, elles le poussent toujours directement vers le centre avec une force proportionnée à la solidité de ce corps. Une Planete partant du point A. pour aller vers F & vers C. a toujours son inclinaison vers le centre; & comme toutes les assises des globules sont spheriques autour du centre du Soleil, la Planete passant d'assise en assise ayant son poids dirigé vers le centre, elle ne peut diriger son chemin que par de grands cercles : or tous les plans passant par le centre rencontrent toutes les assises spheriques en de grands cercles, & au contraire tous les plans qui ne passent pas vers le centre, ne peuvent couper les assises spheriques qu'en de petits cercles; par consequent il suit que le chemin périodique d'une Planete se fait dans un plan passant par le centre du Soleil, puisqu'il est vrai que les orbites des Planetes sont tous de grands cercles.

73. Le chemin ou orbite d'une Planete doit être d'une figure d'Elipse, parcequ'étant dans un plan, & la Planete formant sa route par differentes assises successives, en montant comme en descendant toujours par de grands cercles, c'est la même chose qu'un plan qui coupe un cilindre.

74. Il suit de-là qu'une Planete avec son tourbillon (a) forme son orbite ordinairement par le même chemin, qu'elle s'est une fois tracé, & c'est ce qui justifie la verité des tourbillons établis par M. Descartes. Car si on fait attention que Mercure avec son tourbillon fait sa révolution périodique par A F C E, il est certain qu'il trace un chemin dans la masse des globules de la même largeur & étendue que son tourbillon, cette Planete qui suit toujours le même chemin pousse devant elle par son chemin éliptique tous les globules qui s'y sont trouvez à la premiere fois, ces globules

Figure I V.

ainſi pouſſée ſe précedent ſucceſſivement depuis **A** par **F C E D.** juſqu'au même point **A.** où elles ont commencé d'être pouſſées. Car quoique ce ſoient ces parties globuleuſes qui ont commencé de pouſſer le tourbillon de Mercure, ce tourbillon ayant une fois formé ſon chemin, la rapidité de ſa courſe pouſſe elle même les globules qui l'ont pouſſées ; ce chemin ainſi tracé ſubſiſte & demeure toujours le même, ce qui fait que l'inclinaiſon des Planetes ne varie pas : car ſi une Planete n'avoit point de chemin formé dans les globules d'une étendue auſſi grande que ſon tourbillon, ce chemin pourroit changer à chaque révolution, & par conſequent les inclinaiſons pourroient varier ſouvent.

75. Si les Planetes auſſi ſolides & auſſi peſantes qu'elles ſont n'étoient point renfermées dans des tourbillons d'une extrême étendue & limitez, il ſeroit impoſſible qu'elles puſſent ſe maintenir dans le milieu des airs, il n'y a point de rapidité dans l'air aſſez violente pour y maintenir un corps maſſif comme une Planete. C'eſt la raiſon pourquoi M. Deſcartes a toujours compris les Planetes chacune au centre de ſon tourbillon.

76. Chaque Planette dans ſon tourbillon ſe formant un chemin (de même que je l'ai dit de Mercure) leurs tourbillons ſpheriques avoient plus d'étendue que ne pouvoit avoir ce chemin que chacune a tracé, par exemple, quand le tourbillon de Mercure eſt parti de **A.** venant par **F & C.** il a paſſé dans l'eſpace **HG.** qui comprenoit une partie du tourbillon de Venus, comme tous les tourbillons ne ſont remplis que par les trois premiers Elemens qui forment un fluide très-mobile, le tourbillon de Mercure s'eſt abaiſſé & applati en forme de lentille, & celui de Venus s'eſt retiré d'un eſpace **GH.** vers ſon centre, ainſi Mercure a paſſé par cet eſpace **GH.** en y paſſant il a formé ſon chemin & il l'a continué.

77. Le tourbiilon de Venus partant du point **V.** a dû paſſer par-deſſous celui de la Terre, pour y paſſer il a fallu qu'il ſe ſoit abaiſſé dans ſa partie ſuperieure d'un eſpace **IK.** il a fallu auſſi que le tourbillon de la Terre lui ait fait place d'un eſpace **ON** dans ſa partie inférieure, en même temps que le tourbillon de Venus

(dont le diametre vertical étoit KG) s'eſt reſtraint dans un moindre eſpace HI. pour paſſer entre le chemin du tourbillon de Mercure & celui du tourbillon de la Terre, le fluide qui rempliſſoit les eſpaces GK. IK. s'eſt étendu vers L & vers M. ainſi le tourbillon de Venus eſt devenu de forme lenticulaire, après avoir paſſé pardeſſous le tourbillon de la Terre.

78. Il peut être que ces chemins tracez par les tourbillons des Planetes n'ont pû être bien formez dès les premieres révolutions périodiques, leurs limites pouvoient n'être pas bien fixées, cela n'a pas empêché que le corps de la Planete n'ait regulierement ſuivi le chemin qu'il avoit tracé la premiere fois, car toute l'étendue du tourbillon n'ayant aucun poids, il eſt indifferent que cette étendue ſoit d'un côté ou d'un autre, que ſa figure ſoit ſpherique ou lenticulaire, parceque toute cette étendue qui n'a point de poids ne domine rien, elle occupe ſeulement un eſpace, mais le corps de la Planete qui fait le centre de gravité de ſon tourbillon qui eſt d'un poids immenſe & inconcevable, ne change pas aiſément la route qu'il s'eſt tracé, & la ſuit toujours indépendamment de la figure de ſon tourbillon.

79. Par la ſuite des temps les chemins des Planetes ſe ſont formez d'une maniere ſtable, & leur figure n'a pû changer qu'à proportion que leurs apogées & leurs inclinaiſons changent, ce qui n'eſt preſque pas ſenſible. On peut remarquer quoique les chemins des Planetes ſoient formez des globules du Soleil qui ſont toutes égales ; cependant les globules qui forment le chemin d'un tourbillon, ne ſe mêlent point avec ceux du chemin d'un autre tourbillon, à cauſe des differentes viteſſes de leurs rapiditez. Le tourbillon de Venus L V M. occupe tout l'eſpace entre la limite ſuperieure du chemin de Mercure & la limite inferieure du chemin de la Terre. Le tourbillon de la Terre P T Q. occupe auſſi tout l'eſpace entre la limite du chemin de Venus, & la limite du chemin de Mars. La Planete Venus avance par heure de 28974 lieues, tous les globules que ſon tourbillon pouſſe devant lui depuis M par R juſqu'à L. ſoit vers N ſoit vers n, avancent d'un mouvement égal, c'eſt-à-dire que les globules vers N. qui ne de-

vroient faire que 24000 lieues par heure, en font 28974, & les globules vers n, qui devroient faire 40000 lieues par heure, n'en font aussi que 28974. également comme tout le tourbillon de Venus, dont le mouvement en entier est égal à celui de Venus. Le tourbillon de la Terre avance par heure de 24640 lieues. Les globules du chemin de la Terre proche la ligne de séparation NP. font également 24640 lieues par heure, & les globules du chemin de Venus joignant la même ligne de séparation NP. en font 28974. Cette difference de vitesse en deux superficies de chemins qui se joignent, est cause que les globules d'un chemin se mêlent peu avec ceux d'un chemin voisin, si ce n'est seulement quelques-unes de celles qui se touchent. Je tire de là la consequence que les chemins des Planetes pouvant être séparez les uns des autres sans confusion, ils peuvent subsister dans leurs premieres formes, & les orbites des Planetes peuvent toujours demeurer dans leurs mêmes inclinaisons, excepté que la continuité du mouvement circulaire & regulier du surplus des globules du tourbillon du Soleil qui joignent ces chemins & leurs orbites, peuvent par une longue suite d'années approcher du parallele du plan de l'équateur du Soleil.

80. Il suit que la cause physique de l'inclinaison des plans des orbites des Planetes par rapport au plan de l'équateur de la révolution du Soleil autour de son axe, vient de ce que les tourbillons des Planetes & les Astres qui étoient en leur scentres s'étant trouvé placez au commencement en differens endroits du tourbillon du Soleil hors le plan de son équateur, s'en sont approchez au moyen de la plus grande rapidité du mouvement des globules adherans au plan de cet équateur, comme le courant rapide d'un fleuve qui attire à soi tous les corps graves capables de nager sur l'eau, quoique dispersez hors de ce courant, que cette rapidité des globules adherans au plan de l'équateur, occupent & remplissent de chaque côté une certaine étendue, les Planetes qui commençoient à se former ayant acquis un commencement de densité, celles qui en avoient le moins n'étant pas encore suffisamment condensées pour être entraînées vers le centre du Soleil

par les parties du premier Element qui les pénétroient
en y retournant ; ces Planetes, dis-je, font entrées dans
la largeur de cette rapidité & font parvenues jufqu'au
plan de l'équateur, comme Venus qui femble n'avoir
point d'inclinaifon avec ce plan. A l'égard des autres
Planetes dont les matieres groffieres qui ont formé les
croutes commençoient à être condenfées affez pour être
entraînées par les matieres du premier Element qui re-
tournoient vers le centre du Soleil, celles qui étoient
plus condenfées par proportion à l'étendue de leur
tourbillon, fe font le moins approchées du plan de l'é-
quateur du Soleil, comme Mercure dont le tourbillon
ne peut avoir que peu d'étendue, par confequent les
parties de fon premier Element ont été plutôt de retour pour condenfer les parties groffieres de fon tourbillon qui ont formé la croute qui couvre fon axe, ainfi
au moment que le corps de Mercure a commencé d'entrer dans la rapidité, ayant du poids, il a été auffi tôt
entraîné circulairement par le mouvement des globules
compris dans cette rapidité, & n'a pû fe rapprocher
davantage du plan de l'équateur du Soleil.

81. Les autres Planetes defquelles les matieres groffieres
fe font condenfées moins vîte que celles du tourbillon
de Mercure à proportion de l'étendue de leurs tourbillons, fe font plus approchées du plan de l'équateur du
Soleil, & l'angle de leur inclinaifon à chacune eft demeuré égal à celui du lieu auquel chacune s'eft trouvée, au moment qu'elles ont commencé de defcendre
vers le centre.

82. Ces inclinaifons doivent être differentes entre elles,
puifqu'elles font indépendantes les unes des autres, &
que chaque Planete a eu fa premiere fituation particuliere & fa quantité particuliere de matieres groffieres
qui ont caufé des gravitez differentes aux corps des
Planetes, pourquoi elles fe font approchées du plan de
l'équateur du Soleil les unes plus les autres moins.

83. La raifon de l'inclinaifon du plan de l'orbite de la
Lune avec le plan de l'équateur de la Terre feroit bien
naturelle, fi l'orbite de la Lune étoit dans le plan équinoxial de la Terre, parceque le mouvement journalier
de la Terre autour de fon axe doit entraîner l'air qui

environne la Terre par des plans paralleles au plan équinoxial. La plus grande rapidité du mouvement des
globules étant dans ce plan équinoxial, n'eſt point in-
terrompue par d'autres tourbillons; mais ce qui ſur-
prend, c'eſt que le mouvement périodique de la Lune
autour de la Terre ne ſuit point ſon plan équinoxial,
au contraire ce mouvement périodique eſt toujours adherant au plan de l'écliptique du Soleil, ſur lequel il
n'incline que d'environ 5 degrez, & ſur le plan équinoxial de la Terre, il incline quelquefois juſqu'à 28
degrez.

84. Pour connoître la raiſon de cette inclinaiſon du plan
de l'orbite de la Lune qui eſt toujours adherant au plan
de l'écliptique du Soleil, ou peut-etre de l'équateur du
Soleil, il eſt à propos de faire attention que les parties du premier Element du Soleil pénétrent dans
tous les tourbillons des Planetes. Par leurs tour-
noymens elles ébranlent tous les globules du tourbillon de la Terre, leſquelles au moyen du poli parfait
de leur ſuperficie, coulent & gliſſent à tous les attou-
chemens des parties tournoyantes & leur font place continuellement, ce mouvement des parties tournoyantes du Soleil ne ceſſe point, il eſt d'une rapidité inconcevable, les rayons de ces parties ſont toujours dirigez vers les mêmes points du Ciel, c'eſt-à-dire que le
rayon S B eſt toujours dirigé vers le même point du
Ciel, le rayon S E vers un autre point du Ciel, ainſi
des autres rayons S E. S F. &c. (*Figure V.*)

85. Selon la regle de Kepler, la Lune devroit employer
213 jours & demi à faire ſa révolution autour de la
Terre, ſuivant cette regle elle ne devroit parcourir que
105 lieues par heure dans ſon orbite, cependant elle
en parcourt 820. ainſi ſon mouvement vrai ſurpaſſe le
mouvement ſimple qu'elle devoit avoir de 715 lieues
par heure, puiſque le mouvement journalier de la Terre ne peut lui en communiquer au delà de 105. Cette
augmentation de rapidité dans le mouvement de la
Lune a une cauſe, qui eſt que la Terre dans ſon orbite allant d'A vers a, (*Fig. V.*) fait par heure 24640
lieues, par conſequent elle traverſe tous les rayons
tournoyans S E. S F. S G. S I. &c. Avec une pareille

rapidité la Lune dans son orbite en son dernier quartier D. est entraînée par le mouvement journalier de la Terre partant de D. pour aller vers N. & de N. vers Q. dans le même temps que la Terre allant d'A vers a', entraîne avec elle l'orbite de la Lune de D. N. & Q. vers d, n & q. ce transport rapide de la Terre avec l'orbite de la Lune, traversant tous les rayons tournoyans du Soleil qui ne changent point de situation, fait que ces rayons retiennent la Lune & la font arrêter en D. pour se trouver en N. & ensuite en Q. Cette retenue est aidée par le mouvement journalier de la Terre qui fait aussi tourner la Lune du même sens & l'entraîne dans son orbite de D. vers N. & vers Q avec une violente rapidité qui continue & se soutient toujours de Q vers P. & vers D. sans qu'alors la retenue des rayons du Soleil tournoyans SE. SF. &c. puisse rien changer à la premiere rapidité du mouvement que la Lune s'est acquise allant de D vers N. & Q. parceque c'est une rapidité acquise qui est toujours soutenue par le mouvement circulaire de la Terre ; la Lune revenue en son dernier quartier D ou d, son mouvement est de nouveau acceleré par la retenue des rayons du Soleil qui la font avancer vers N & Q. & par consequent la Lune dans sa course est conduite par les alignemens des globules dirigez par les rayons du Soleil ; elle doit aussi suivre le plan de l'écliptique du Soleil, parceque son orbite étant transporté avec rapidité de A vers a avec la Terre, qui ne sort point du plan de l'écliptique dirigée par les rayons du Soleil & par le mouvement annuel de la Terre, elle doit necessairement être adherante avec le plan de l'écliptique, plus qu'avec le plan de l'équateur de la Terre, qui néanmoins ne laisse pas de causer une inclinaison de l'orbite de la Lune avec le plan de l'écliptique du Soleil, proportionnée à la foible rapidité du mouvement des globules de la Terre qui est à celle du Soleil, comme 107 à 820, ce qui fait que l'orbite de la Lune fait un angle de 5 degrez avec le plan de l'écliptique du Soleil.

86. Le mouvement des satellites de Jupiter est aussi acceleré par les rayons tournoyans qui viennent du Soleil.

suppofons que cette Planete a de circonference 181636 lieues, l'orbite de fon premier fatellite aura auffi de circonference 1029260 lieues, Jupiter fait fa révolution autour de fon axe en 9 heures 56 min. par confequent un point de fa circonference pris fur fon équateur fait par heure 18285 lieues ; le premier fatellite de Jupiter fait fa révolution autour de Jupiter en 42 heu. 28 m. 36 f. par confequent il fait de chemin par heure dans fon orbite 24231 lieues, néanmoins felon la regle de Kepler il devroit employer 136 heures pour faire fa révolution autour de Jupiter, & par confequent il ne devroit faire par heure dans fon orbite que 7568 lieues, au lieu de 24231 qu'il fait, il en eft de même des autres fatellites dont les orbites ne font pas dans le plan de l'équateur de Jupiter, non plus que la Lune dans celui de la Terre.

87. On peut obferver que la Lune faifant par heure dans fon orbite 820 lieues au lieu de 105 feulement qu'elle devoit faire, fon mouvement eft acceleré dans une proportion comme 1 eft à 8, étant éloignée de la Terre de près de foixante fois le demi diametre de la Terre. Le premier fatellite de Jupiter qui n'eft éloigné du centre de fa Planete que de cinq demi diametres & deux tiers, n'eft acceleré par les rayons du Soleil que dans une proportion d'environ comme 5 à 16, pendant qu'étant fi proche de fa Planete, fon acceleration devroit être en une proportion comme 5 eft à 100, ou même comme 5 eft à 150. Cela vient de ce que les rayons du Soleil qui rencontrent la fuperficie fpherique de l'orbite de la Terre, font les mêmes & en même nombre que ceux qui rencontrent la fuperficie fpherique de Jupiter, lefquelles fuperficies font l'une à l'autre environ comme 360 eft à 9781, à peu près comme 1 eft à 27, ainfi la refiftance des rayons du Soleil qui accelere le mouvement de la Lune, eft vingt-fept fois plus fort que celui qui accelere le mouvement des fatellites de Jupiter.

F I N.

APPROBATION.

JE confens que la fuite du Traité de l'Univers materiel que j'ai lûe, foit imprimée avec la même Approbation que j'ai donnée à l'Ouvrage précedent. Fait à Paris ce 28 Novembre 1734.

C A S S I N I.

APPROBATION

De M. CASSINI, de l'Academie Royale des Sciences.

J'AI lû par ordre de Monfeigneur le Garde des Sceaux, un *Traité de l'Univers materiel, on l'Aftronomie Phifique*, compofé par M. PETIT, où j'ai trouvé des idées qui m'ont paru nouvelles; & j'ai jugé que l'on pouvoit en permettre l'impreffion. Ce treize Avril 1729.

C A S S I N I.

PRIVILEGE DU ROY.

LOUIS PAR LA GRACE DE DIEU, ROY DE FRANCE ET DE NAVARRE: A nos Amez & Féaux Confeillers, les Gens tenans nos Cours de Parlement, Maîtres des Requêtes ordinaires de notre Hôtel, Grand Confeil, Prevôt de Paris, Baillifs, Sénéchaux, leurs Lieutenans Civils & autres nos Jufticiers qu'il appartiendra, SALUT. Notre bien Amé le Sieur MARTIN-FRANÇOIS PETIT notre Arpenteur General des Eaux & Forêts au Département de Blois & de Bery, Nous ayant fait fupplier de lui

accorder nos Lettres de permiffion pour l'impreffion
d'un Manufcrit, de fa compofition, qui a pour titre :
Traité de l'Univers materiel, ou l'Aftronomie Phifique:
offrant pour cet effet de le faire imprimer en bon papier & beaux caracteres, fuivant la feuille imprimée,
& attachée pour modele fous le Contre-fcel des Préfentes : Nous lui avons permis & permettons par ces
Préfentes, de faire imprimer ledit Livre ci-deffus fpe-
cifié, en un ou plufieurs volumes, conjointement ou
feparément & autant de fois que bon lui femblera, fur
papier & caracteres conformes à ladite feuille imprimée
& attachée fous notredit Contre fcel, & de le vendre,
faire vendre & débiter par tout notre Royaume pendant
le temps de trois années confecutives, à compter du
jour de la date defdites Préfentes ; faifons défenfes à
tous Libraires, Imprimeurs, & autres perfonnes, de quelque qualité & condition qu'elles foient, d'en intro-
duire d'impreffions étrangeres dans aucun lieu de notre
obéiffance ; à la charge que ces Préfentes feront enre-
giftrées tout au long fur le Regiftre de la Communauté
des Imprimeurs & Libraires de Paris, dans trois mois
de la date d'icelles ; que l'impreffion de ce Livre fera
faite dans notre Royaume, & non ailleurs ; & que
l'Impétrant fe conformera en tout aux Reglemens de
la Librairie, & notamment à celui du dixiéme Avril
1725, & qu'avant que de l'expofer en vente, le manufcrit ou imprimé qui aura fervi de copie à l'impreffion dudit Livre, fera remis dans le même état où
l'Approbation y aura été donnée ès mains de notre très-
cher & Féal Chevalier Garde des Sceaux de France le
Sieur CHAUVELIN ; & qu'il en fera enfuite remis
deux Exemplaires dans notre Biblioteque publique, un
dans celle de notre Château du Louvre, & un dans celle
de notre très-cher & Féal Chevalier Garde des Sceaux
de France le Sieur CHAUVELIN; le tout à peine de
nullité des Préfentes, du contenu defquelles vous man-
dons & enjoignons de faire jouir l'Expofant ou fes ayans
caufe, pleinement & paifiblement, fans fouffrir qu'il leur
foit fait aucun trouble ou empêchement. VOULONS
qu'à la copie defdites Préfentes qui fera imprimée tout
au long au commencement ou à la fin dudit Livre, foi

soit ajoûtée comme à l'original. COMMANDONS au premier notre Huiſſier où Sergent de faire pour l'execution d'icelles, tous actes requis & neceſſaires, ſans demander autre permiſſion, & nonobſtant clameur de Haro, Chartre Normande & Lettres à ce contraires; CAR TEL EST NOTRE PLAISIR. DONNE' à Paris le treziéme jour du mois de Mai, l'An de Graçe mil ſept cent vingt-neuf, & de notre Regne le quatorziéme. Par le ROY en ſon Conſeil.

DE SAINT HILAIRE.

Regiſtré ſur le Regiſtre VII. de la Chambre Royale & Syndicale de la Librairie & Imprimerie de Paris, N°. 356. fol. 300. conformément au Reglement de 1723. Qui fait défenſes, Article IV. à toutes perſonnes de quelque qualité qu'elles ſoient, autres que les Libraires & Imprimeurs, de vendre, debiter & faire afficher aucuns Livres pour les vendre en leurs noms, ſoit qu'ils s'en diſent les Auteurs ou autrement, & à la charge de fournir les Exemplaires preſcrits par l'Article CVIII. du même Reglement. A Paris le 17 Mai 1729.

COIGNARD, Syndic.

2305306380	1647659380
3678575934	2238160405
1128829468	210247301218
3010453967	680168120634

37   38   39

Plus grands Diametres des Lentilles, des Tourbillons, des Planettes.		Diametres des Tourbillons des Planettes s'ils étoient Spheriques.	
Dans la ligne de			
L'Apogée de Mars.	Perigée de Mars.		
Diametres de la Terre.	Diametres de la Terre.	Diametres de la Terre.	
1361	1113	1000	☿
15319	13030	10000	♀
10843	13200	9000	♁
7649	9284	6000	♂
132715	122586	110000	♃

à

mer

TABLE des distances des Planetes au Soleil, de leurs grosseurs & de leurs Révolutions.

| | 2 | 3 | 4 | 5 | 6 | 7 |
| 1 | Distances du Soleil aux Planetes en Lieües de 25 au degré. La distance du Soleil à la Terre étant supposée de 12000 diametres de la Terre. | | | Circonferences des Orbites des Planetes en lieües. | Le nombre des lieües que chaque Planete parcourt en son orbite. | |
	Plus grandes.	Moyennes.	Plus petites.		En 24 heures.	En 1 heur.
Mercure ☿	16099363	13327936	10556509	83764800	952178	39757
Venus ♀	25023600	24899636	24676327	156189600	695388	25974
La Terre ♁	34940945	34363636	33786327	216000000	591375	24640
Mars ♂	57208581	52351281	47493981	329076000	479141	19964
Jupiter ♃	187501745	178787127	170072509	1123804800	259282	10803
Saturne ♄	345409527	326279990	308190273	2054160000	191785	7991

| | 8 | 9 | 10 | 11 | 12 | |
| | Temps que chaque Planette employe à faire sa Révolution autour du Soleil. | Le nombre de degrez, minutes & secondes que chaque Planette parcourt dans son orbite. | | Apogée. | Perigée. | |
	Ans. Jour. Heur. Min.	En 24 heures. D. M. S.	En une heure. M. S.	D. M. S.	D. M. S.	
☿	0 87 23 14	4 5 32	10 14	13 51 26 ♐	13 51 26 ♊	☿
♀	0 224 16 40	1 36 8	4 0	7 37 49 ♒	7 37 49 ♌	♀
♁	0 365 5 49	0 59 8	2 28	8 36 11 ♑	8 36 11 ♋	♁
♂	1 321 17 36	0 31 27	1 19	1 7 33 ♏	1 7 33 ♉	♂
♃	11 313 14 14	0 4 59	0 12	10 52 52 ♎	10 52 52 ♈	♃
♄	29 156 12 48	0 2 1	0 5	29 54 13 ♐	29 54 13 ♊	♄

Par raport au Plan de l'Orbite de la Terre ♁.

| | 13 Inclinaisons des Planettes. | 14 Nœud ascendant ☊ | 15 Nœud descé. ☋ | 16–17 Solstices ou plus grande Inclinaison. | | |
	D. M. S.	D. M. S.		Sept.	Metid	
☿	6 52 0	15 34 27 ♉	♏	♌	♒	☿
♀	3 23 5	14 16 25 ♊	♐	♍	♓	♀
♁	0 0 0	0 0 0 ♎	♈	♑	♋	♁
♂	1 51 0	17 43 10 ♉	♏	♌	♒	♂
♃	1 19 20	7 18 33 ♋	♑	♎	♈	♃
♄	2 33 30	22 31 0 ♋	♑	♎	♈	♄

Par raport au Plan de l'Orbite de Venus ♀.

| | 18 Inclinaisons des Planettes. | 19 Nœud ascendant ☊ | 20 Nœud descé. ☋ | 21–22 Solstices ou plus grande Inclinaison. | | |
	D. M. S.	D. M. S.		Sept.	Meri.	
☿	4 32 50	21 26 31 ♈	♎	♋	♑	☿
♀	0 0 0	0 0 0				♀
♁	3 23 5	14 16 25 ♐	♊	♓	♍	♁
♂	1 53 9	11 4 43 ♌	♒	♏	♉	♂
♃	2 15 7	0 54 25 ♐	♊	♓	♍	♃
♄	2 7 8	17 2 25 ♏	♉	♒	♌	♄

| | 23 Diametre des Planettes. | 24 Circonferences des Planettes. | 25 La durée des Révolutiõs des Planet. autour de leurs axes. | | 26 Epaisseur des croutes des Planettes. | 27 Circonferences inferieures des Croutes. | 28 Cubes des Corps des Planettes. | 29 Cubes des Croutes des Planettes. |
	Lieües.	Lieües.	H.	M.	Lieües.	Lieües.	Lieües cubes.	Lieües cubes.
⊕	317827	999000	5	0	0 0		1682767073826761	
☿	1096	3445	33	0	73	2986	989612386	259558815
♀	3784	11895	33	0	32	11690	28380939873	415829873
♁	1864	9000	24	0	67	8586	12305306380	1647659380
♂	1915	6018	14	40	257	4403	3678575934	2238160405
♃	57793	181636	9	56	21	181503	10111128829468	210247301218
♄	42954	135000	11	0	27	134829	41513010453967	680168120634

Etendue des Tourbillons des Planettes en Diametres de la Terre.

| | 30 Nombre de lieues que fait un point de l'Equinoxiale de chaque Planette pendant une heure. Lieües. | Dans la ligne de l'Apogée de Mars ♂. | | | Dans la ligne du Perigée de Mars ♂. | | | Plus grands Diametres des Lentilles, des Tourbillons, des Planettes. | | 39 Diametres des Tourbillons des Planettes s'ils étoient Spheriques. Diametres de la Terre. |
		31 Distances entre les deux Planettes voisines. Diametres de la Terre.	32 Demi Diametre des Tourbillons. Diametre de la Terre.	33 Diametres entiers des Tourbillons. Diametres de la Terre.	34 Distances entre deux Planettes voisines. Diametres de la Terre.	35 Demi Diame. des tourbillõs par raport & du côté de leurs Plan. voisin. Diametres de la Terre.	36 Diametres entiers des Tourbillons. Diametres de la Terre.	37 L'Apogée de Mars. Diametres de la Terre.	38 Perigée de Mars. Diametres de la Terre.	
⊕	199800		5251			2867				
☿	104	5264	3 / 537	540	3869	22 / 305	807	1361	1113	1000
♀	518	3406	3809 / 1978	4847	4816	4011 / 1879	5890	15319	13030	10000
♁	375	3409	1431 / 4770	6204	3240	1201 / 281	4184	10843	13100	9000
♂	244	7873	3105 / 589	3692	4660	1837 / 695	2506	7649	9284	6000
♃	18285	4469	44406 / 31444	75550	59612	58943 / 31094	90037	131715	122586	110000
♄	11272	52548	21104		50877	19783				

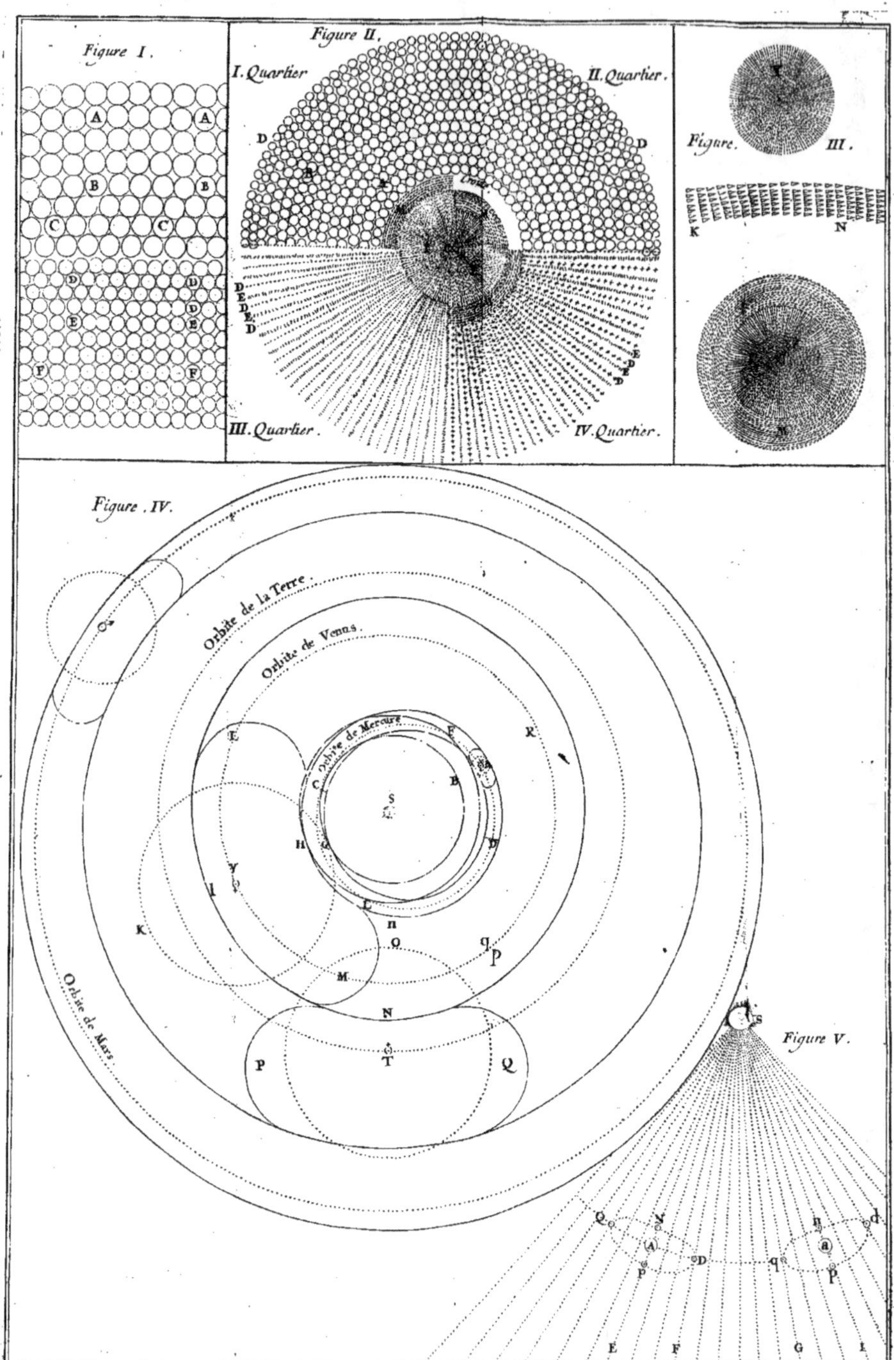

Figure I.
A A
B B
C C
D D
D D
E E
F F
Figure II.
I. Quartier.
II. Quartier.
III. Quartier.
IV. Quartier.
Figure. III.
K N
Figure. IV.
Orbite de la Terre
Orbite de Venus
Orbite de Mercure
Orbite de Mars
S
Figure V.
Le Bœuf sculp.

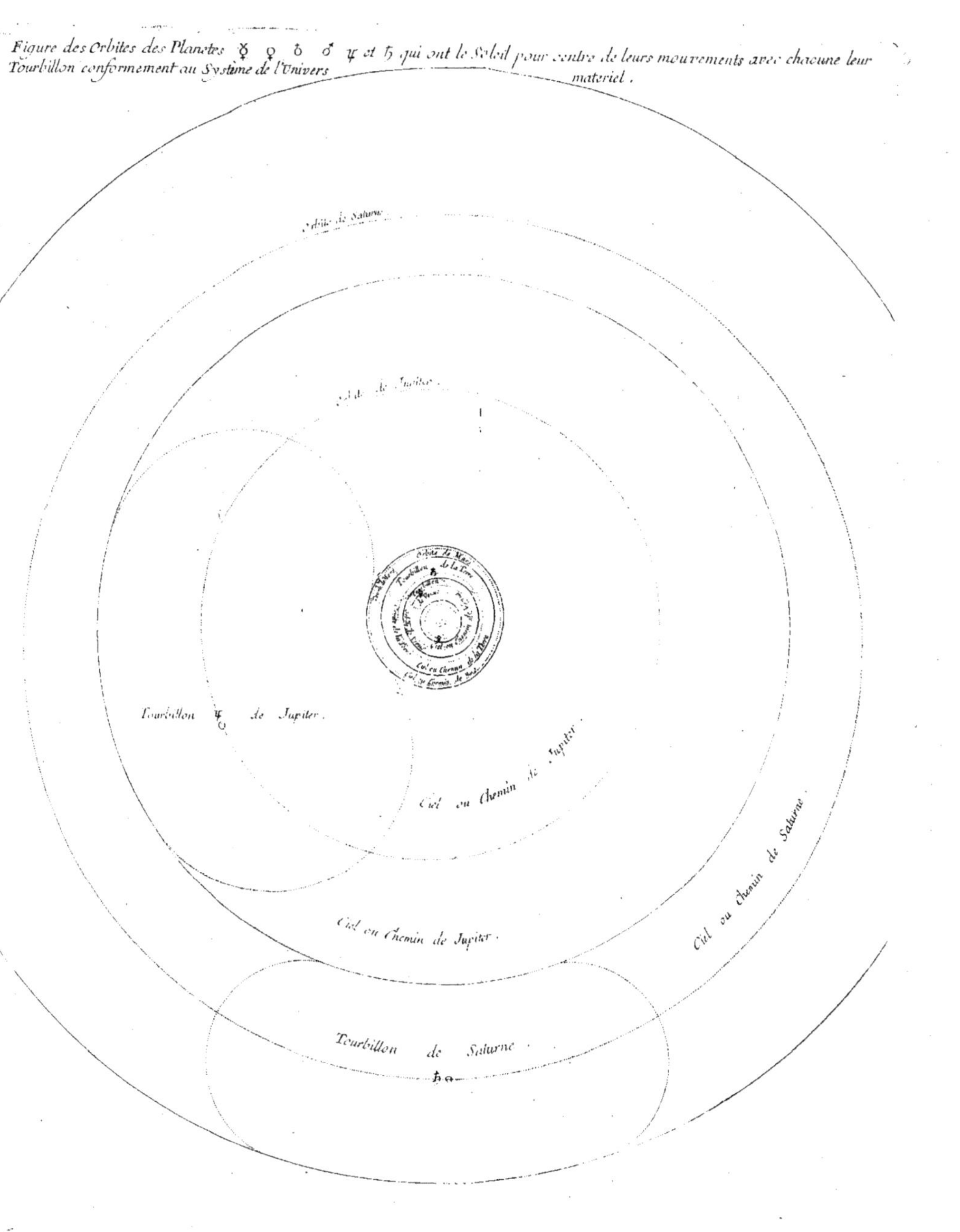

Figure des Orbites des Planetes ☿ ♀ ☾ ♂ ♃ et ♄ qui ont le Soleil pour centre de leurs mouvements avec chacune leur Tourbillon conformement au Systeme de l'Univers materiel.

www.ingramcontent.com/pod-product-compliance
Lightning Source LLC
LaVergne TN
LVHW022342170726
843503LV00008B/3503